Les Gerbilles

les connaître · les nourrir · les soigner

Heike Schmidt-Röger
Photos de Regina Kuhn
Dessins de Siegfried Lokau

Animaux Familiers
Ulmer

Sommaire

Avant-propos

Avec les gerbilles, on ne peut ni s'amuser comme des fous, ni les câliner ni les sortir comme on le ferait avec un chien, et pourtant elles ont quelque chose de fascinant. On ne les trouve pas depuis très longtemps dans les commerces animaliers, mais elles ont déjà conquis le cœur de nombre d'entre nous.

Qu'est-ce qui explique cet engouement pour ce petit animal ? Est-ce son aspect « craquant » les nombreuses variantes de couleurs de son pelage, ou bien encore sa vivacité ? Bien sûr, mais c'est aussi valable pour d'autres rongeurs. Peut-être cela répond-il à votre désir de reproduire dans un espace restreint un fragment de vraie nature... C'est bien parce que les gerbilles ne se laissent pas cajoler que beaucoup cherchent à leur offrir un cadre de vie qui soit le plus proche possible de la nature. Ces conditions réunies, vous pourrez vous improviser chercheur et observer leurs comportements, qui sont complexes. Ces moments-là vous permettront alors d'oublier le stress du quotidien.

Les gerbilles sont très attachantes. Pour peu que sachiez vous y prendre correctement, elles vous grimperont sur la main au bout de quelques jours seulement, une manière pour elles de vous témoigner leur confiance. Point positif : les animaux vivant en groupes ne restent pas isolés. Les gens qui travaillent n'ont donc pas besoin d'avoir mauvaise conscience s'ils ne peuvent pas leur consacrer beaucoup de temps. La vie des rongeurs ne dépend pas de la compagnie des humains, mais des soins qu'ils leur prodiguent et qui représentent une faible dépense. Cerise sur le gâteau : les gerbilles ne sentent pas mauvais et ne constituent pas une gêne, même pour les personnes à l'odorat sensible.

En somme des animaux familiers idéaux ! Pourtant réfléchissez bien avant de vous en procurer. Car vivre avec un animal, c'est accepter d'assumer ses responsabilités.

Heike Schmidt-Röger
Automne 2002

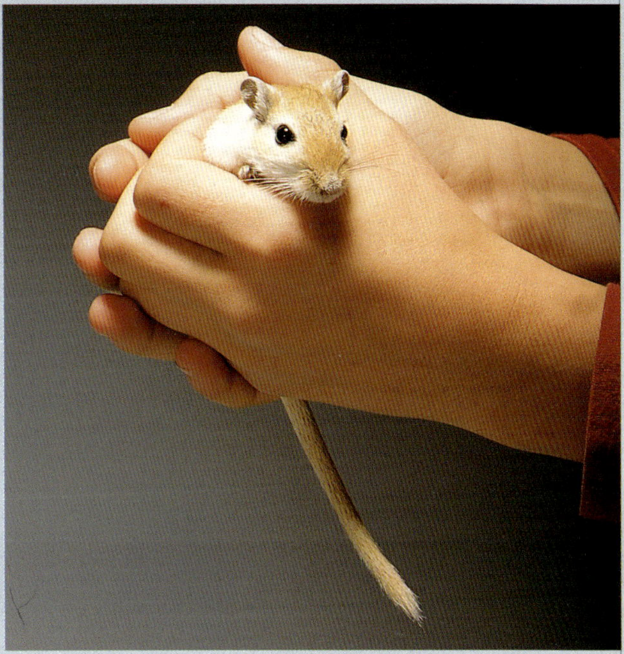

Pour soulever la gerbille, prenez-la délicatement dans vos deux mains.

Réflexions avant l'achat

Adorable, drôle, mignonne comme tout, tels seront à coup sûr les premiers mots qui vous viendront à l'esprit quand vous verrez une gerbille pour la première fois. Ces rongeurs sont craquants, avec leurs yeux comme des billes, leur petit nez impertinent et leur intrépide curiosité. Ils savent séduire, et vous voilà parti pour partager votre maison avec ces animaux vifs et malicieux !

Mais avant de faire entrer chez vous les gerbilles, vous devrez connaître leurs besoins et leurs habitudes de vie. Il faut pour cela étudier le comportement au quotidien des espèces sauvages.

Guerrière avec des griffes : les adorables petites gerbilles peuvent se montrer redoutables lorsqu'il s'agit de défendre leur territoire.

Ce qu'il faut savoir sur les gerbilles

Son nom est tout un programme : *Meriones unguiculatus.* Que l'on pourrait traduire par « guerrier avec des griffes ».Car ces rongeurs vivant paisiblement en clans familiaux peuvent se montrer d'implacables combattants lorsqu'ils défendent leur territoire. Un fait dont il faudra tenir compte avec l'animal de compagnie.

Les déserts et steppes d'Asie centrale constituent l'habitat des gerbilles, également connue sous le nom de « mériones de Mongolie ». Elles y vivent en petites colonies aux structures sociales très complexes, où règne une stricte hiérarchie. La famille habite un réseau ramifié de galeries, où elle peut se protéger du soleil et d'éventuels agresseurs. Bien qu'apparentées aux rats et aux souris, les gerbilles sont plus proches des hamsters, tous deux étant des animaux fouisseurs.

Toutes les gerbilles que nous avons comme animaux de compagnie ou de laboratoire sont probablement issues d'une souche unique, qui a été capturée en Mongolie, en 1935. Et si elles ont très vite été utilisées dans les laboratoires, elles le sont désormais de plus en plus, depuis les années 70, comme animaux de compagnie, y compris en Allemagne.

La sélection a permis d'obtenir, à partir de gerbilles de couleur naturelle, de nombreuses **teintes** nouvelles, qui sont appelées à s'enrichir encore. Nous renoncerons sciemment à entrer dans les subtilités de la

S'occuper de gerbilles signifie d'abord se préoccuper de leurs besoins.

génétique, qui n'intéressent que les éleveurs et qui nous feraient sortir du cadre de ce livre de conseils pratiques. Essayez donc de vous représenter le large éventail de leurs couleurs de pelage et choisissez celle qui vous plaît. Les robes sont unies ou tachetées, avec de multiples variantes.

Les gerbilles sont-elles faites pour vous ?

Les gerbilles ne prennent pas beaucoup de place. Elles conviennent tout à fait à des gens qui ne connaissent pas bien les animaux et aussi à ceux qui ont une activité professionnelle. Vous devez cependant, avant d'en acquérir, vous poser quelques questions, pour que la cohabitation ait les meilleures chances de réussite.

- ✗ Il vous faudra consacrer une demi-heure par jour aux soins de vos gerbilles, et une fois par mois prévoir un peu plus pour le grand nettoyage.
- ✗ Tous dans la famille doivent être d'accord pour accueillir les nouveaux locataires.

Des yeux comme des billes, un regard séducteur, oui, mais réfléchissez bien avant d'acquérir des gerbilles.

Rencontre dangereuse : il faut impérativement séparer ces deux-là.

Conseils aux enfants ! Les gerbilles ne sont pas très câlines. Elles n'aimeront pas trop que tu les prennes sur tes genoux et que tu les caresses pendant des heures. Ce n'est pas comme avec un chien, tu ne pourras jamais leur apprendre à faire des tours. Elles veulent faire ce qui leur plaît.

- ✗ Les gerbilles ont une espérance de vie moyenne de trois ans. Pensez-vous pouvoir assumer vos responsabilités à leur égard sur une si longue période ?
- ✗ Il faut s'entendre, avant l'achat, sur la répartition des tâches de chacun.
- ✗ Les gerbilles ont un coût. Outre le prix d'achat et les frais pour leur installation, il faut compter environ 10 Euros par mois pour

Même de petite taille, c'est un grand ami. Avec lui, tu vas en vivre, des aventures !

Les gerbilles ne se sentent vraiment bien qu'avec leurs congénères.

leur entretien. L'ordonnance du vétérinaire peut s'avérer beaucoup plus « salée » que la simple somme déboursée pour l'achat de l'animal. Êtes-vous prêt à assumer ces dépenses ?

- ✗ Les autres animaux de la maison vont-ils bien s'entendre avec les gerbilles ? Sinon, pourrez-vous tenir ces dernières dans un lieu à part ?
- ✗ Avez-vous une «nounou» qui puisse s'en occuper pendant les vacances ?
- ✗ Un membre de la famille est-il allergique aux animaux ?

Conseils aux enfants ! Si tu t'en occupes beaucoup, vous deviendrez de véritables complices, et elles grimperont peut-être sur ton bras ou même sur ton épaule. Mais, comme elles ne sont pas des spécialistes de l'escalade, fais bien attention qu'elles ne tombent pas.
Tu ne t'ennuieras pas avec elles, tu verras. Surtout quand tu auras aménagé leur maison de manière intéressante et que tu les observeras. Elles te feront découvrir leur petit monde très étonnant.

Les gerbilles ne sont pas des solitaires !

Les gerbilles vivent en groupes. C'est seulement au contact de leurs congénères qu'elles peuvent montrer toutes les facettes de leurs différents comportements. Il est plus amusant pour elles d'être en compagnie de leurs semblables pour courir, creuser le sol et grimper partout, et des comportements sociaux aussi importants que se nettoyer l'une l'autre et se blottir l'une contre l'autre ne sont possibles qu'à plusieurs. La curiosité naturelle de la gerbille ne s'éveille vraiment qu'au sein d'un groupe, qui offre la sécurité. Un animal seul est rarement aussi familier que celui qui vit dans un groupe. Même en passant plusieurs heures par jour avec lui, vous ne remplacerez jamais ses congénères. Si voulez-vous faire les choses au mieux pour vos gerbilles, répondez à leur besoin inné de vivre avec leurs semblables, et faites en sorte d'en avoir au moins deux.

Détermination du sexe : on reconnaît bien le mâle à ses testicules apparents (en bas) ; en haut, la femelle.

Quoi qu'il en soit, si c'est la première fois que vous tentez cette expérience, limitez-vous à deux animaux. Quand ils sont plus nombreux, des disputes se produisent souvent, qui peuvent très mal se terminer. Veiller sur un groupe plus important nécessite beaucoup d'expérience.

Avoir des animaux du même sexe ou avoir un couple ?

Observer un couple peut s'avérer plus intéressant que d'avoir seulement deux animaux de même sexe. Vous serez témoin des manœuvres d'approche du mâle et vous verrez grandir les petits. Mais c'est là aussi que le bât blesse : en effet une portée moyenne est de quatre à six jeunes, et peut même - cas exceptionnel il est vrai - en comporter plus de dix ! Quelques heures après la naissance, la mère redevient réceptive et la portée suivante ne va pas se faire attendre !

Qui dit couple de gerbilles dit une flopée de petits en un rien de temps !

Bienheureux alors le propriétaire de cette tribu qui pourra donner des petits à des amis ou les remettre entre de bonnes mains dans une animalerie. On ne trouve pas toujours preneur et très vite l'hébergement des gerbilles devient trop petit. Des conflits à propos de hiérarchie et de territoire surviennent alors. Ce qui, pour les animaux, signifie un stress permanent qui peut provoquer des maladies et des troubles du comportement. Conséquences possibles : des morsures profondes et la mort d'animaux jeunes ou plus âgés.

C'est pourquoi, ne prenez pas de risques dès le début et faites le choix de deux jeunes gerbilles de même sexe, qui, si elles sont issues de la même portée, cohabiteront sans problème -et souvent même encore à l'âge adulte- et présenteront l'avantage de ne pas faire de petits. Les femelles ont tendance à être plus querelleuses que les mâles, ce qui peut poser des problèmes dans des groupes plus importants. Si vous avez un couple, la castration du mâle reste une solution, mais une opération de ce genre sur un animal aussi petit est très compliquée et n'est pas pratiquée par tous les vétérinaires.

L'âge qui convient

Comme les gerbilles ont une espérance de vie de trois ans en moyenne, rarement plus, il vaut donc mieux les acheter jeunes. Vous pourrez ainsi les observer et en

Ces véritables architectes d'intérieur s'y connaissent pour se faire un petit nid douillet.

Un truc ! On peut connaître l'âge approximatif d'une gerbille à la longueur de sa queue. Chez un jeune, elle peut mesurer jusqu'à 7 cm, chez un sujet âgé d'un an, 11 cm environ.

profiter sur une longue période. Mais celles plus âgées s'apprivoisent aussi très bien, car leur curiosité l'emporte en général sur leur peur. Les petites gerbilles deviennent autonomes dès leur sixième semaine et peuvent être sevrées.

Si vous voulez adjoindre un animal à celui que vous avez déjà, le nouvel arrivant ne devra pas être âgé de plus de huit semaines. Au-delà, son adaptation serait très difficile, voire impossible, car le comportement des gerbilles les pousse à défendre leur territoire. D'où l'intérêt de se procurer des animaux d'âge sensiblement égal ou issus d'un même groupe.

Où peut-on se procurer des Gerbilles ?

Trop souvent, malheureusement, on achète ces petites créatures drôles et bon marché sur un coup de cœur. Vus, achetés et emportés, tel est en général le parcours classique de ces rongeurs. Sous le charme de leurs grands yeux vifs, on oublie vite que s'en occuper représente aussi du travail. Ne vous lancez donc pas précipitamment dans des achats inconsidérés et renoncez à toute idée de cadeau surprise.

Les adorables petits yeux ronds des gerbilles vous feront vite craquer. Mais réfléchissez bien avant de vous décider à les acheter.

Après une nuit qui porte conseil, parlez-en en famille. Une fois la décision prise, prenez le temps de bien choisir les animaux en les observant sous toutes les coutures. Ne vous laissez jamais dicter votre choix. La personne qui vous vendra les gerbilles devrait tenir à ce qu'elles soient remises entre de bonnes mains et accepter par conséquent que cela prenne du temps. Si toutefois vous avez l'impression qu'elle cherche à s'en débarrasser au plus

Conseil ! N'offrez pas de gerbilles sans avoir eu auparavant l'accord du futur propriétaire. Il se réjouira d'abord tout autant d'un bon d'achat et d'un livre sur les gerbilles.

Soyez attentifs aux points suivants lorsque vous aurez à juger si la gerbille est en bonne santé

- ✓ L'endroit est propre et sent bon.
- ✓ Les animaux et leur hébergement sont exempts de parasites.
- ✓ Les gerbilles réagissent avec rapidité, se montrent éveillées et curieuses.
- ✓ Elles se tiennent et se déplacent normalement.
- ✓ Leur pelage est bien fourni et brillant.
- ✓ Les yeux sont clairs et brillants.
- ✓ Le nez est sec et ne doit pas couler.
- ✓ Le corps et les membres sont propres.
- ✓ La région anale n'est pas souillée d'excréments.

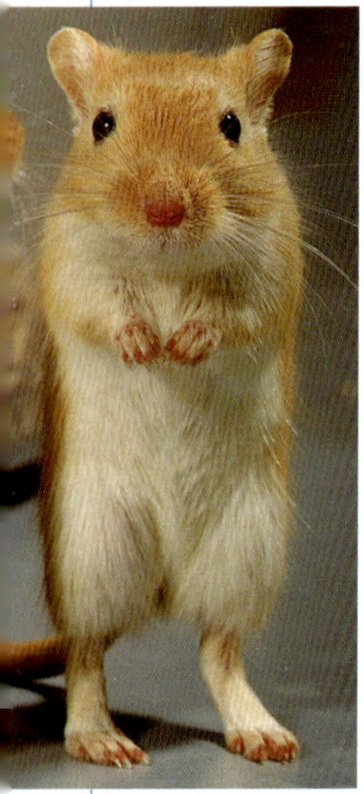

Les gerbilles en bonne santé sont alertes et pleines de curiosité.

vite, vous pourrez en déduire qu'elle ne s'en est pas non plus occupée avec le soin voulu.

Un bon **éleveur** vous conseillera au mieux et vous guidera dans votre choix. Chez lui, vous ne courrez pas le risque d'acheter des gerbilles déjà pleines. Un éleveur expérimenté, qui ne pratique pas l'élevage de masse et qui travaille dans les règles de l'art, a déjà tout fait pour que les gerbilles soient apprivoisées et confiantes. C'est encore à lui qu'il faut d'abord vous adresser si vous recherchez des teintes particulières. Vous trouverez les adresses d'éleveurs dans les petites annonces des journaux ou sur internet. Vous pouvez vous même passer une annonce pour en trouver un.

La plupart des **animaleries** proposent des gerbilles. Faites attention, au moment de l'achat, que leur hébergement sur place soit convenable. Si elles vous semblent mal entretenues, renoncez à les acheter. Vous êtes en droit d'attendre d'un vendeur sérieux des conseils précis.Et si vous n'êtes pas convaincu de sa compétence, l'achat est déconseillé. C'est en particulier le cas où les gerbilles sont proposées à l'unité par un commerçant qui ne cherche pas à vous poser des questions. Car un vendeur digne de ce nom vous demandera toujours si vous ne voulez pas une autre gerbille pour tenir compagnie à la première et vous informera sur leurs éventuelles difficultés à s'adapter l'une à l'autre.

De plus en plus souvent les amis des animaux recueillent des gerbilles de tous âges victimes de gens qui n'ont pas réfléchi avant d'en acheter ou qui sont dépassés par leur nombre devenu incontrôlable. Allez voir dans une **pension pour animaux** proche de chez vous, ou visitez sur internet les sites qui proposent des gerbilles de « deuxième main » en attente d'un nouveau foyer. Celles plus âgées présentent l'avantage de s'être déjà bien accoutumées à l'homme.

Des animaux qui se multiplient, une allergie ou un déménagement, telles sont les raisons les plus fréquentes qui peuvent pousser un propriétaire de gerbilles à mettre une **annonce dans le journal** pour les vendre, accessoires en prime. Faites attention, au moment de choisir, au sexe des animaux, sous peine d'avoir vous-même à faire face très vite aux problèmes liés à la reproduction...

Important ! N'achetez jamais de gerbilles par correspondance. C'est sur place seulement que vous pourrez vous faire une idée exacte de leurs conditions de vie et leur état de santé, sans compter que le transport est une véritable torture pour elles.

Les rouleaux de papier toilette offrent de passionnantes possibilités de jeu !

Tout préparer pour les nouveaux arrivants

Quelques préparatifs sont nécessaires avant l'arrivée des gerbilles. Ils concernent leur nourriture et leur abri, que vous arrangerez avec soin, en pensant à leurs loisirs. Les commerces spécialisés proposent un choix important d'accessoires permettant un aménagement attrayant et organisé.

Quand vous aménagerez l'abri des gerbilles, n'oubliez pas qu'elles sont proches de la nature.

L'abri des gerbilles

Différentes possibilités existent. Cela va de la banale cage à rongeur et de l'aquarium à des installations sophistiquées dotées de tunnels. Tout dépend de la place dont vous disposez et de vos moyens financiers.

L'aménagement de l'abri est un défi à votre imagination.

Ce qui compte avant tout, c'est un **hébergement adapté**. Dans leur intérêt, créez les meilleures conditions possibles. Le ministère de l'Agriculture, dans une étude concernant les exigences minimales des mammifères, indique que les muridés - auxquels appartiennent aussi les gerbilles-, doivent disposer d'au moins 0,5 m^2 pour le groupe. Ce qui correspond à une surface de 1 m sur 0,5 m, avec une hauteur raisonnable de 0,4 m. Une superficie inférieure peut se compenser par la construction de niveaux supplémentaires. Renoncez aux babioles inutiles. Les gerbilles se fichent pas mal de vivre dans un abris à 50 ou 250 Euros, pourvu qu'il réponde à leurs attentes.

Egalement très important pour leur bien-être : **le bon emplacement** dans la maison. Si vous les installez dans votre chambre ou celle des enfants, les bruits qu'elles font en creusant et rongeant risquent de perturber fortement votre sommeil. La cuisine n'est pas non plus l'endroit idéal à cause des odeurs de cuisine justement. Le bureau ou le salon sont tout désignés, à condition qu'on n'y fume pas et qu'on n'y mette pas la musique trop fort. Il faut éviter les courants d'air ainsi que l'exposition au soleil, sans pour autant placer l'abri dans un coin sombre. L'abri ne devra pas non plus reposer directement sur le sol. Les gerbilles, à la moindre trépidation, soupçonneraient la présence d'un ennemi et seraient paralysées par la peur. Posez-le de préférence sur une commode. Vous aurez alors, à cette hauteur, plus de facilité pour observer vos gerbilles et leur prodiguer des soins.

La meilleur façon d'héberger des gerbilles est encore de les installer dans un **aquarium** « désaffecté ».
On peut y mettre une belle quantité de litière, qui sera un véritable paradis pour ces rongeurs fouisseurs. Vous aurez une vue imprenable sur les animaux et ce sans être gêné par des barreaux.

Important ! Les gerbilles n'aiment ni avoir chaud ni avoir froid. La température ambiante de la maison leur convient très bien. Si l'aquarium est en plein soleil, les gerbilles risquent un coup de chaleur

Les grilles incitent les gerbilles à s'y faire les dents. Les parois de verre conviennent beaucoup mieux.

Ne posez pas dessus de couvercle du type de ceux que l'on utilise d'habitude pour les aquariums. Il empêcherait pratiquement toute aération. L'idéal est un treillis métallique stable à petites mailles, suffisamment solide pour rendre impossibles les évasions. Les bricoleurs sauront le fabriquer eux-mêmes sans difficulté.

Il n'est pas rare non plus de placer les gerbilles dans un **terrarium**. Mais la couche de litière n'y est pas suffisamment importante. Certes les portes coulissantes facilitent le travail d'entretien, mais la circulation de l'air est trop faible pour les gerbilles. Très vite l'humidité s'installe, qui peut provoquer des maladies des voies respiratoires chez ces habitants du désert. De plus les rails des portes sont souvent de bons supports pour se faire les dents...

Bien que les animaleries proposent un choix très large de **cages**, celles-ci ne conviennent pas forcément pour les

Appartement de grand luxe : double bungalow avec tube de liaison.

gerbilles. Leurs rebords ne sont en général pas assez hauts pour empêcher la litière d'atterrir dans la pièce quand les petits rongeurs se mettent à creuser furieusement le sol. Ils trouvent parfois encore le moyen de s'attaquer aux arêtes des parois. Et s'ils en avalent un petit bout, ils risquent de se blesser grièvement.

Important ! La largeur des mailles du treillis ne doit pas dépasser 1 cm. Sinon, les plus petites gerbilles pourraient s'échapper.

Les gerbilles, quand elles s'ennuient, prennent l'habitude de ronger les barreaux des grilles qui, pour cette raison, ne doivent pas être gainés de plastique. Le risque existe en effet qu'elles se blessent en en avalant un morceau, sans compter que la grille y perdrait très vite sur le plan esthétique. Certains éleveurs refusent de céder leurs animaux, s'ils savent qu'ils vont intégrer ce type de cage.

Renoncez de même aux cages tout en plastique. L'aération dans ces espaces clos est rarement suffisante. En outre les coups de griffes contre les parois font de vilaines rayures.

Pour toute gerbille une « villa de luxe » se compose de deux pièces. Pour ce faire, reliez entre eux par des tubes **deux ou plusieurs aquariums.** Les animaux peuvent passer de l'un à l'autre, se dégourdir ainsi les pattes et s'amuser un peu. Les aquariums ne doivent pas être trop grands non plus, il ne s'agit pas de doubler la superficie du logis. Il est important également que le tube de communication résiste aux dents des rongeurs, afin d'éviter les évasions et ne présente pas d'arêtes coupantes.

Une telle aire de jeux fera le bonheur de deux gerbilles, qui vous le rendront bien en se montrant des plus alertes. Cependant, lorsque leur nombre est plus important, cette combinaison d'aquariums recèle le danger que des groupes se forment, provoquant ainsi des luttes pour la défense de leur territoire. C'est pourquoi cet aménagement assez complexe n'est réservé qu'à des détenteurs expérimentés.

Important ! Il ne faut pas mettre sous le même toit des gerbilles et d'autres rongeurs ! Elles n'hésiteraient pas à s'attaquer de manière virulente à bien plus grands qu'elles pour défendre leur territoire !

L'installation qui convient

Plus vous introduirez de diversité dans leur logis, mieux les gerbilles s'y sentiront et montreront ce dont elles sont capables. Ce qui n'est pas une raison pour en faire trop, car il faut aussi leur laisser assez de place pour courir et creuser. N'y mettez pas d'objets en plastique. Ils seraient immédiatement réduits en petits morceaux, qui sont dangereux une fois avalés. L'ouate pour hamster, les mouchoirs en papier « indéchirables » et autres bouts d'étoffe n'ont rien à faire non plus dans l'aquarium des gerbilles.

Le risque est bien trop grand qu'elles s'y prennent les pattes ou qu'elles y laissent même la vie.

L'aménagement de base

Pour l'eau, mettez à leur disposition un **abreuvoir** où l'eau puisse rester propre et fraîche. Il doit être fixé au bord de l'aquarium de telle manière qu'il ne puisse ni goutter ni se renverser, c'est-à-dire qu'il ne doit pas être au contact de la litière ni d'aucun autre objet. Une écuelle n'est pas vraiment nécessaire, dans la mesure où l'on peut répandre la nourriture directement sur la litière.

Bien qu'elles soient des accessoires classiques, les **roues** sont souvent délaissées par les gerbilles. Elles sont de surcroît dangereuses, car les animaux peuvent se faire écraser la queue et les membres. Les roues métalliques ont d'ailleurs déjà fait quelques victimes... Jouez plutôt sur la diversité de l'aménagement, en laissant suffisamment d'espace aux rongeurs. Ils pourront alors assouvir leur besoin inné de remuer en fouissant, grimpant et courant.

Grimper, se cacher, rencontrer des copains : cette aire de jeux permet aux gerbilles de réaliser tous leurs rêves.

Des **racines** et des **pierres**, bien hautes et bien lourdes, feront d'excellents postes d'observation. Posez-les directement sur le sol en veillant à ce qu'elles ne puissent pas s'écrouler et blesser du même coup les gerbilles.

Quand elles sentent un danger, elles rejoignent leur **cachette**, qui leur sert également d'abri pour dormir.

Les maisonnettes pour hamsters ou les nichoirs pour perruches ondulées, en bois non traité, conviennent très bien. Avantage : les rongeurs peuvent s'y faire les dents sans risque. Mais il faut en contrepartie vous attendre à devoir toujours mettre à leur disposition de nouveaux abris, pour remplacer l'ancien ou... ce qu'il en restera !

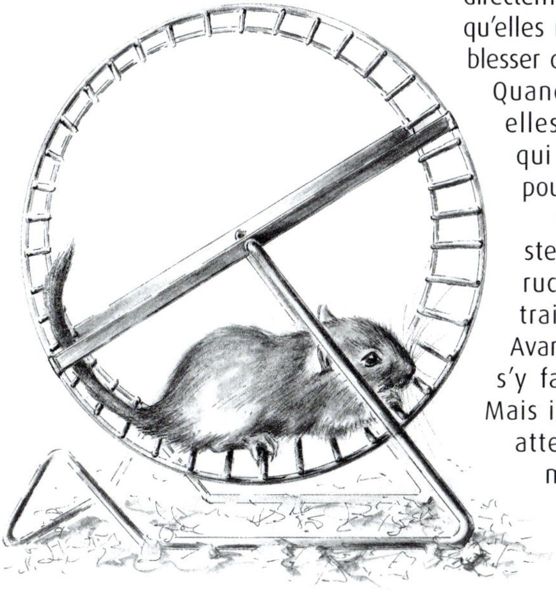

Renoncez à la roue et aménagez plutôt leur maison de manière intéressante pour elles.

Ces maisonnettes sont souvent réduites en poudre en peu de temps !

Les petits abris en terre cuite ou en céramique font tout à fait l'affaire et ont une durée de vie beaucoup plus longue. Avec un peu savoir-faire, vous pourrez vous-même concevoir et fabriquer leur cachette. Mais n'utilisez pour cela ni clous ni produits adhésifs toxiques.

Le bain de sable quotidien est important pour le soin du pelage.

Pour nettoyer leur pelage, ces habitantes des steppes se roulent volontiers dans du **sable fin pour oiseaux ou chinchillas**. Vous pouvez leur en proposer dans une boîte de conserve, sans rebords coupants, dans un récipient en céramique ou une soucoupe de pot de fleurs.

Comme **litière**, prenez celle utilisée habituellement pour les petits animaux, des copeaux de bois que vous répandrez sur une dizaine de centimètres d'épaisseur. Ajoutez-y du foin ainsi que des rouleaux en carton et des torchons de cuisine qui serviront aussi bien de distraction que de capitonnage du nid.

Pour le transport ou pour loger les gerbilles le temps du nettoyage de leur maison, la **boîte de transport** s'avère très utile. Les petits rongeurs, douillettement installés dans de la litière et du foin, peuvent y tenir quelque temps sans problème.

La boîte de transport convient très bien pour les courts séjours.

Des casiers à bouteilles de ce type sont idéaux

La liste ci-contre de l'équipement de base vous donnera une idée de la somme à dépenser :

Liste des éléments constituant l'équipement de base

Dépense unique

- Aquarium, à partir de 50 Euros
- Boîte de transport, à partir de 5 Euros
- Abreuvoir, à partir de 2 Euros
- Écuelle, à partir de 2 Euros
- Abri pour dormir, si nécessaire, à partir de 10 Euros
- « Bac à sable », à partir de 2 Euros
- Racines, branchettes ou pierres

Frais courants

- Sable, 1 à 5 Euros par mois pour deux animaux
- Litière et foin, 2 à 5 Euros par mois pour deux animaux

Élevage et entretien

Les gerbilles sont des animaux relativement peu exigeants. Le temps qu'on doit consacrer à leur entretien représente bien peu de chose en regard de la joie qu'elles procurent. C'est pourquoi même les gens qui travaillent peuvent sans problème en avoir. Elles ont cependant des besoins, auxquels il faut répondre pour qu'elles puissent montrer toutes les facettes de leur comportement.

L'adaptation

Voici venu enfin le grand jour de l'installation des gerbilles dans la maison. L'aquarium, parfaitement aménagé, est prêt à les accueillir. Déposez dans leur logis la boîte de transport avec les animaux encore dedans, et attendez qu'ils fassent d'eux-mêmes les premiers pas dans leur nouvel hébergement. Retirez alors doucement la boîte en veillant à ce que tous les accès aient été fermés.

Une friandise vient à bout des plus timides...

Certaines gerbilles viennent se blottir dans les habits, mais ça reste exceptionnel.

Maintenant laissez-les tranquilles. Les enfants feront sûrement la tête, mais les gerbilles doivent d'abord se familiariser, dans le calme, avec leur nouvel environnement. Le stress pourrait avoir en effet des conséquences sur leur santé. Tenez-vous-en donc, dans les deux à trois jours suivants, à l'entretien indispensable, comme leur donner à manger, contrôler les réservoirs d'eau, enlever les plus grosses saletés et les restes de nourriture fraîche.

Une fois que les gerbilles auront fait le tour de leur nouvelle maison - qu'elles auront d'ailleurs probablement un peu chamboulée –, vous pourrez faire les présentations. Mettez votre main à l'intérieur de l'aquarium et essayez de ne pas bouger. Tout mouvement rapide crée en effet la panique chez les gerbilles. Pleines de curiosité, elles ne tarderont pas à s'en approcher, à la sentir, toujours prêtes cependant à battre en retraite. Les plus téméraires d'entre elles vous grignoteront peut-être les doigts. Il vous suffit alors de les remuer légèrement. Au bout de quelques jours, elles s'aventureront déjà sur votre main, voire grimperont le long de votre bras.

Faites attention qu'aucune gerbille n'en profite pour s'échapper. Les plus craintives se laissent amadouer par une friandise, par exemple une graine de tournesol, une noisette ou un ver de farine. Bien vite, la curiosité l'emportant, elles viendront vers vous en confiance.

Pour prendre les gerbilles, faites-les d'abord grimper sur une main et posez l'autre en forme de toit au-dessus d'elle. Ne la saisissez jamais par la queue. Car, si vous le faites au mauvais endroit ou que vous tiriez dessus, la peau se détachera complètement et il ne vous restera plus dans la main que le squelette de la queue. C'est grâce à ce " stratagème ", certainement très douloureux pour elles, que les gerbilles à l'état sauvage peuvent échapper à leurs ennemis et sauver ainsi leur vie. Mais la peau ne repousse pas, pire encore la queue dénudée tombe en général au bout de quelques jours ou est arrachée à coups de dents par l'animal lui-même.

Si vous n'avez qu'une seule gerbille et que vous vouliez lui offrir la compagnie d'un congénère, vous devrez attendre patiemment que les deux

Attention : ne jamais tenir une gerbille par la queue !

Conseil ! Pour attirer une gerbille craintive, vous pouvez la faire venir dans une coupe remplie de nourriture puis tenir au-dessus d'elle votre main pour ne pas la laisser s'enfuir.

On a tellement de choses à se raconter !

se soient bien habituées l'une à l'autre. Il ne faut en aucun cas introduire le **nouvel animal** sans préliminaires. Sinon ce dernier serait perçu comme un intrus et comme tel repoussé et peut-être même tué.

Au lieu de cela, nettoyez à fond l'aquarium et réaménagez-le complètement. Créez au milieu une séparation au moyen de deux grilles écartées d'environ 2 cm, et dont les mailles seront assez petites pour empêcher les gerbilles de passer. Elles occuperont chacune une moitié de l'aquarium. Trois ou quatre fois par jour, changez-les de côté. Après sept à dix jours, le mélange de leurs odeurs respectives devrait être suffisamment avancé pour qu'il y ait acceptation mutuelle. Si vous avez désormais l'impression que chacune des gerbilles reste bien calme dans son coin, vous pouvez retirez la séparation.

Une méthode pour que deux gerbilles s'habituent l'une à l'autre : il faut que, plusieurs fois par jour, elles changent de côté dans l'aquarium.

Mettre en pièces des rouleaux de carton : le top du top pour ces insatiables rongeurs !

Les jours suivants, observez-les attentivement. Même si, au début, la paix règne entre elles, il peut encore se produire malgré tout des conflits sérieux qui vous obligeraient à les séparer de nouveau. Et tout serait alors à refaire. L'adaptation se fait souvent plus facilement entre une gerbille d'un certain âge et une autre de sept à huit semaines. Mais là encore restez vigilant et intervenez s'il le faut. Une autre possibilité consiste à baigner les animaux dans une eau dans laquelle on ajoute une pointe d'essence d'anis ou de thé afin de neutraliser les odeurs de chacune des gerbilles. Dire que les deux vont alors sûrement faire ami-ami serait exagéré. Si vous avez acheté les gerbilles chez un bon éleveur, il vous conseillera à ce sujet.

Quand la gerbille passe son temps à creuser le sol dans son coin, cela signifie qu'elle manque de distraction.

Des distractions pour les gerbilles

Dans leur milieu naturel, les gerbilles passent leurs journées à chercher de la nourriture et à parcourir leur territoire. Sous votre toit, elles veulent aussi avoir des occupations, sinon l'ennui les guettera très vite. Vous le remarquerez au fait qu'elles grattent sans cesse le sol dans un coin de l'aquarium ou bien qu'elles rongent continuellement les grilles. Pour y remédier, offrez-leur donc beaucoup de possibilités de diversifier leurs activités.

En aménageant l'aquarium de manière imaginative, vous avez déjà beaucoup fait pour agrémenter le quotidien des gerbilles. Elles peuvent grimper sur les racines et les pierres, d'où elles observent leur petit monde, s'enfouir quand elles veulent dans la litière, creuser et construire des galeries.

Ne leur donnez pas leur nourriture exclusivement dans une écuelle, mais répandez-la aussi sur la litière. Le fait d'avoir à faire un peu d'effort pour la trouver constitue une activité supplémentaire.

Mettez à leur disposition du foin, des rouleaux en carton, des torchons de cuisine blancs et des bouts de branches, qu'elles hacheront menu et qui leur permettront de s'user les dents, qui ne cessent de pousser. Vous pouvez aussi cacher de la nourriture dans les cylindres en carton en en bouchant même les extrémités avec du Sopalin ou du foin, pour rendre l'exercice encore plus intéressant.

Quant au sable pour le bain, laissez-le-leur une demi-heure, voire une heure par jour, mais pas plus, pour qu'il ne soit pas trop souillé par les rongeurs.

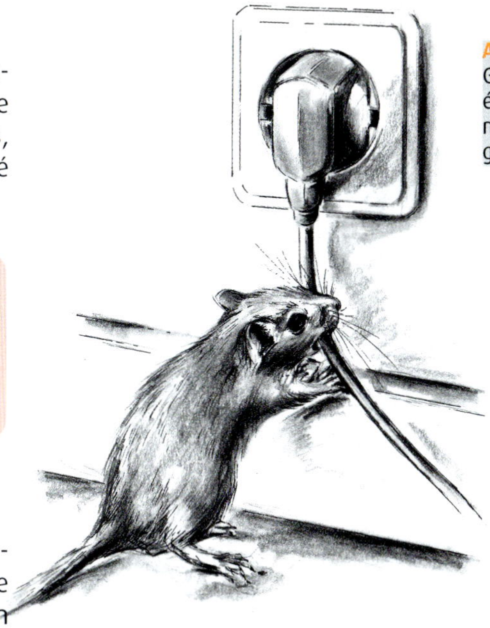

Attention danger : Grignoter un câble électrique peut être mortel pour la gerbille.

Conseil aux enfants ! Après chaque nettoyage de la maison des gerbilles, arrange-la différemment. Comme ça, grâce à toutes les choses nouvelles à découvrir, les animaux la trouveront toujours intéressante.

En liberté dans la maison

Beaucoup de ceux qui ont des gerbilles insistent sur le fait qu'on ne peut les priver de se promener en liberté dans la maison. C'est vrai surtout pour celles qui sont logées à l'étroit, avec peu de possibilités de se distraire. Mais il n'y a aucune commune mesure entre les dangers et le stress auxquels elles sont alors exposées et le petit plaisir que leur procure leur sortie.

Elles risquent de s'électrocuter en s'attaquant aux fils électriques, de tomber dans un trou ou de se faire piétiner. Certaines se sont même noyées dans la cuvette des toilettes. Toutes ne sont pas disposées à réintégrer le logis et leur récupération se fait parfois difficilement. Et un geste malencontreux de votre part peut alors très vite réduire à néant la confiance que la gerbille avait en vous.

Offrez plutôt à vos gerbilles un espace plus grand et des possibilités de se distraire dans leur abri, et toute sortie deviendra alors inutile. C'est seulement si vous disposez d'une pièce ne présentant aucun danger que vous pourrez, sans hésiter, leur accorder ce divertissement.

Pour récupérer facilement les **gerbilles évadées**, tendez-leur un cylindre en carton : elles grimperont à l'intérieur et vous n'aurez plus qu'à les remettre dans leur aquarium.

Les longs cylindres en carton qu'on utilise pour l'envoi de posters et qui se ferment à leurs extrémités

Attention : Les substances toxiques des crayons feutres peuvent nuire à la santé de ce petit rongeur !

Les dangers qui guettent une gerbille en liberté dans la maison :

- ☹ Les fils électriques peuvent provoquer la mort par électrocution.
- ☹ Vases, poubelles, armoires etc. sont des prisons mortelles si la gerbille ne réussit pas à sortir.
- ☹ Portes et fenêtres peuvent écraser l'animal quand on les ferme.
- ☹ La gerbille peut s'attaquer aux plantes toxiques de la maison.
- ☹ Les cactus et autres objets pointus peuvent blesser les gerbilles.
- ☹ Elles peuvent s'enfuir par les portes et les fenêtres restées ouvertes.
- ☹ On peut, par inattention, les blesser en marchant ou s'asseyant dessus.
- ☹ D'autres animaux familiers peuvent les trouver tout à fait à leur goût...
- ☹ Elles peuvent se brûler à des récipients bouillants ou à des bougies.
- ☹ Les tiroirs ouverts les incitent à y faire un tour. Si la gerbille y est enfermée, elle peut étouffer, mourir de faim ou bien encore être écrasée.
- ☹ La gerbille peut être gravement intoxiquée par des produits d'entretien et autres substances chimiques.

Plantes toxiques !

anthurium	muguet
azalée	narcisse
colchique	plante-caillou
dieffenbachia	poinsettia
fougère	primevère
jacinthe	schefflèra
lierre	violette

conviennent parfaitement. Placez le rouleau, fermé à l'une des extrémités, devant la cachette de la fugitive et attendez qu'elle ait atteint au moins la moitié du tube. Soyez alors rapide, puis remettez la fugueuse dans son aquarium. On peut également reprendre les fuyardes en les appâtant avec une coupe remplie de nourriture.

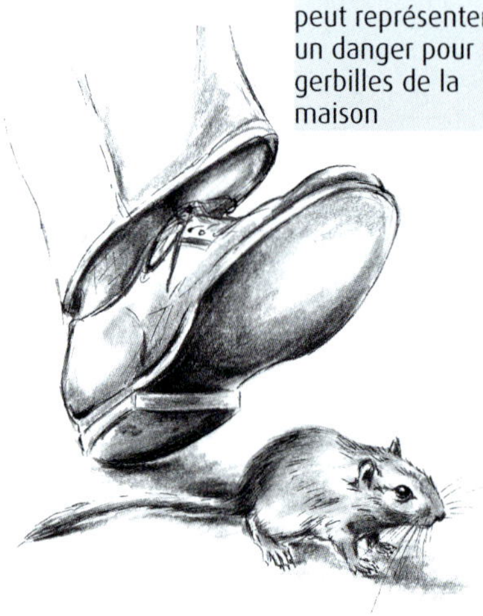

L'homme aussi peut représenter un danger pour les gerbilles de la maison

1er étage s'il vous plaît : cet ascenseur permet d'intégrer confortablement la boîte de transport.

Vous partez en vacances

Les gerbilles peuvent, sans problème, rester deux ou trois jours seules à la maison, pour peu que vous leur laissiez suffisamment de nourriture, d'eau et de distractions.

En cas d'absence prolongée, faites appel à une personne qui prendra soin des animaux, qui n'auront donc pas à déménager. Elle n'aura pas à leur consacrer beaucoup de temps puisque ces rongeurs savent s'occuper eux-mêmes. Avant de partir, nettoyez encore une fois à fond l'aquarium, pour que cette personne n'ait pas à le faire. Montrez-lui comment s'y prendre pour les nourrir, et donnez-lui la liste des soins réguliers, le numéro de téléphone du vétérinaire, fixe et portable. Veillez à ce que la réserve de nourriture, de litière, de rouleaux de carton et de morceaux de branches soit suffisante. La « nounou » de service devra, si possible, éviter de sortir les gerbilles de leur aquarium.

Partir en vacances n'est pas une très bonne chose pour ces petits rongeurs. Laissez-les plutôt à la maison avec quelqu'un pour s'en occuper.

Rien n'est vraiment à l'abri avec ces fouineuses !

Liste des soins réguliers

Les gerbilles sont des animaux de compagnie robustes et peu exigeants. Mais il faudra prévoir malgré tout suffisamment de temps pour vous occuper d'elles.

Soins quotidiens :

- donner à manger
- enlever les restes de nourriture
- ôter le gros des saletés
- examiner les animaux : sont-ils tous alertes, montrent-ils des signes de maladie, ont-ils la diarrhée, mangent-ils bien ?
- inspecter l'aquarium : y a-t-il une possibilité de s'échapper pour ces rois de l'évasion, l'installation est-elle encore sûre et stable ?
- vérifier l'eau : y a-t-il une fuite à l'abreuvoir ?
- les possibilités de ronger : y a-t-il encore suffisamment de rouleaux en carton, de foin, de petites branches ou de torchons de cuisine ?
- mettre à leur disposition du sable pour le bain, après l'avoir grossièrement nettoyé.

Deux à trois fois par semaine :

- donner de l'eau fraîche

Chaque semaine :

- renouveler le sable

Une fois par mois :

- nettoyer à fond l'aquarium et les accessoires

Si besoin :

- compléter ou renouveler la litière
- désinfecter l'abri des gerbilles en cas de maladie

Important ! N'utilisez pas de produits d'entretien trop puissants lors du nettoyage de l'aquarium. Ils sentent beaucoup trop fort pour le nez délicat des gerbilles. A la place, prenez des produits à base de vinaigre et rincez bien avec de l'eau très chaude.

L'alimentation

Il ne faut pas que le repas soit plantureux. Ces habitantes des steppes sont habituées à la frugalité.

Les gerbilles vivant à l'état sauvage ne peuvent évidemment pas se régaler quotidiennement de gourmandises contenues dans une coupe. Elles sont occupées, plusieurs heures par jour, à chercher de quoi se mettre sous la dent. Et pas question pour elles de se montrer difficiles. Elles doivent se satisfaire de ce que la nature leur offre au fil des saisons. Elles prennent environ huit repas par jour à différents moments de la journée.

On comprend mieux maintenant pourquoi les gerbilles d'appartement s'ennuient souvent à mourir et ne sont plus en aussi bonne forme. Leur donner trop à manger n'est pas bon pour elles et peut même les rendre malades. Gardez un œil sur la quantité qu'elles consomment et faites en sorte que ces gourmets ne s'intéressent pas qu'aux friandises en délaissant le reste. Seule une nourriture variée protège des maladies. Chez les gerbilles aussi la notion d'aliments sains existe et il faut répondre aux besoins de chaque animal en particulier. Quoi qu'il en soit elles doivent toujours avoir de la nourriture à leur disposition. Elles dépensent en effet énormément d'énergie.

Les graines

On trouve dans les animaleries ou les grandes surfaces des mélanges de graines pour rongeurs. On ne peut pas encore se procurer partout de la

Cette gerbille observe les alentours et s'assure qu'il n'y a aucun danger.

Le concombre est une friandise bien juteuse.

nourriture pour gerbilles exclusivement, mais celle pour hamsters fait tout aussi bien l'affaire. Il est possible de faire soi-même le mélange de différentes sortes de graines. Mais renseignez-vous bien auparavant sur la composition exacte de ces graines et sur les proportions à respecter. Il est évidemment plus simple d'utiliser les mélanges déjà prêts à l'emploi.

N'achetez pas les grosses confections si vous n'avez que deux gerbilles. En effet les graines perdent leurs qualités nutritives si on les conserve trop longtemps. Pour un animal adulte, donnez le contenu d'une **cuillère à soupe** par jour, c'est-à-dire environ 10 g de graines.

Les noisettes et les graines de tournesol sont, il est vrai, le péché mignon des gerbilles, mais elles font énormément grossir en raison de leur teneur très élevée en matières grasses. C'est pourquoi ces gâteries doivent être consommées avec modération. Quant aux cacahuètes non décortiquées, elles peuvent contenir des champignons toxiques.

Conseils aux enfants !
Peut-être que tes gerbilles iront jusqu'à grimper sur ton bras ou ton épaule. Mais elles ne sont pas très bonnes en escalade, tu dois donc faire attention que tes petites amies ne tombent pas !

Prise sur le fait ! Les fruits aussi font partie du menu.

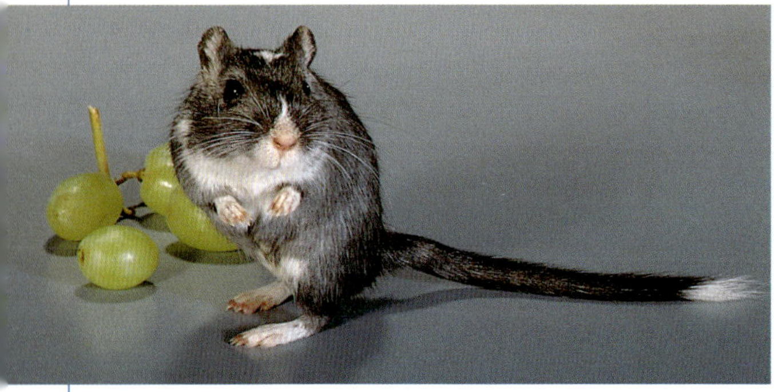

Aliments Frais

À acheter dans le commerce :
pomme, poire, endive, salade de chicorée, concombre, carotte (même avec la fane), épi de maïs, fines herbes, pêche, abricot, pousses de soja, raisin, courgette

À ramasser dans la nature :
mûres, pâquerettes, framboises, trèfles, pissenlit, plantain, mouron des oiseaux

Fruits et légumes

Les fruits et les légumes sont indispensables à la santé des gerbilles, et elles doivent en manger tous les jours. Les nombreuses variétés de fruits, de légumes et de plantes permettent de composer un menu riche et varié. Pour éviter que les animaux ne consomment de la nourriture avariée ou fermentée, il faut, au plus tard le soir même, retirer de l'aquarium ce qu'ils n'ont pas mangé (excepté les carottes). D'où la recommandation de donner de petites quantités à intervalles réguliers.

Qu'il s'agisse d'une pomme ou d'une autre friandise, c'est encore meilleur si c'est difficile à attraper.

Vous trouverez certains de ces aliments au rayon fruits et légumes de votre supermarché et vous pourrez vous procurer les autres en les ramassant dans la nature.

Aliments à ronger

Les gerbilles ne rongent pas pour le plaisir seulement. Il est également important pour elles d'user leurs dents, qui ne cessent de pousser. Et pour cela du pain complet craquant, du pain dur, des biscottes et des barres à grignoter pour rongeurs font l'affaire. Mais ne perdez pas de vue que ces aliments à grignoter contiennent aussi des calories qui, en trop grandes quantités, font prendre du poids aux animaux. Conviennent mieux encore les petites branches d'arbres fruitiers, de saule, de hêtre ou de noisetier. Elles ne font pas grossir et contiennent en outre beaucoup de substances minérales.

Important ! Ne donnez jamais à manger aux rongeurs des branches et des plantes trouvées en bordure de route ou de champs traités.

Le millet en épi est un vrai régal pour ces fins gourmets. Il ne faut cependant pas leur en donner plus d'un épi par semaine. Et pour qu'elles se donnent un peu de peine pour mériter ces friandises, placez le millet de telle sorte qu'elles aient à grimper ou à s'étirer pour atteindre l'aliment convoité.

Les gerbilles se régalent de vers de farine.

Suppléments alimentaires et eau de boisson

Les gerbilles sauvages se nourrissent essentiellement de végétaux, mais apprécient aussi les insectes, qui leur fournissent des protéines. Celles qui vivent dans nos maisons ne dédaignent pas non plus cette nourriture supplémentaire, que l'on donnera deux à trois fois par semaine. Aux femelles pleines, en particulier, donnez quotidiennement un ver de farine. Et si cela vous dégoûte un peu, offrez-leur alors de la nourriture pour oiseaux en y ajoutant des insectes séchés trouvés dans une animalerie, ou une goutte de yaourt dans une cuillère.

Si leur alimentation est variée et équilibrée, vous n'aurez pas besoin de la compléter par des apports de vitamines. Si les aliments ne couvrent pas leur besoin en eau, mettez-leur-en toujours à disposition dans une petite bouteille avec pipette.

À éviter absolument

- ☹ Chips, sticks salés etc.
- ☹ Pain frais
- ☹ Aliments directement sortis du réfrigérateur
- ☹ Fanes de pommes de terre
- ☹ Amandes
- ☹ Rhubarbe
- ☹ Haricots crus
- ☹ Pommes de terre crues et en germination
- ☹ Salade et épinards (teneur élevée en nitrates)
- ☹ Oseille
- ☹ Noyaux de fruits
- ☹ Sucreries
- ☹ Fanes de tomates
- ☹ Nourriture avariée ou moisie

Page de gauche : Les aliments trop riches ne doivent que rarement figurer au menu des gerbilles.

Comportement typique

Les gerbilles vous offrent la possibilité d'être témoin de leur manière de vivre et de se comporter. Vous pouvez, en aménageant un aquarium approprié, créer un biotope dans un espace restreint et porter un regard sur un monde qui vous est étranger.

Vous ne vous ennuierez jamais, parole de gerbilles ! Leur curiosité n'a aucune limite, leur soif de construire fait d'elles des architectes d'intérieur zélés qui remanient sans cesse l'installation, et il faut les voir regagner leur cachette à la vitesse de l'éclair quand un danger menace !

Leur comportement social est de même très intéressant. Vous apprendrez rapidement comment s'organise la hiérarchie et quelles sont les particularités de chacune d'entre elles. Un groupe de deux animaux vous permettra déjà de devenir un observateur averti de leurs agissements.

Vous découvrirez qu'il y a les fonceurs, les bagarreurs et les machos aussi bien que les froussards, les hypersensibles et les précautionneux. Vous saurez bien vite quelle gerbille fera le premier pas pour prendre une friandise, laquelle disparaîtra le plus vite dans son nid en cas de danger, ou quelle autre encore viendra se blottir dans votre main.

Cours de danse : un couple de gerbilles est souvent capable de synchroniser ses mouvements.

Le langage corporel

Bien que chaque gerbille soit un individu ayant sa propre personnalité, il y a cependant des comportements typiques que l'on retrouve chez chacune de ces bêtes. D'une part ils servent à communiquer avec leurs congénères, d'autre part ils sont la conséquence de leur adaptation aux conditions de vie, jadis, dans leur milieu naturel.

Regarder une gerbille en train de **manger** est toujours un spectacle très drôle. Dressée sur ses pattes arrière et prenant appui sur sa longue queue, elle tient sa nourriture fermement entre ses pattes antérieures. Elle grignote, tout agitée, toujours sur le qui-vive et dans la crainte qu'on vienne lui chiper son morceau. Si un congénère veut se jeter sur sa friandise, elle file dans sa cachette pour finir tranquillement son repas. Ce qui ne figure pas au menu du jour est mis à l'abri pour les temps de " disette ".

Creuser est l'occupation préférée des gerbilles, qui a pour but de construire des galeries souterraines et de rechercher de la nourriture. Gratter la terre est aussi pour elles un moyen de garder bien courtes leurs griffes. Fouir le sol est si important pour les gerbilles que, même dans un aquarium, il faut leur donner la possibilité d'exercer cette activité.

Le **contact** se fait par le nez. Ne sera reconnue et saluée

Les soins mutuels du corps renforcent les liens sociaux chez les animaux.

que celle qui appartient au groupe. Les gerbilles étrangères à la communauté sont impitoyablement repoussées. Un mâle et une femelle ayant séjourné deux ou trois jours dans des aquariums différents ne se reconnaissent souvent déjà plus et se disputent violemment. Il ne reste plus qu'à essayer de les faire de nouveau cohabiter, sachant qu'en cas d'échec l'une des deux devra partir. Se nettoyer mutuellement le pelage et se blottir l'une contre l'autre sont également des comportements caractéristiques de ces habitantes des steppes.

La gerbille fait sa **ronde**. Ce rongeur batailleur veut s'assurer chaque jour qu'aucun intrus n'a pénétré sur son territoire. L'animal familier n'a pas perdu cette habitude ancestrale.

Le **repos de la nuit** n'existe pas chez ces animaux turbulents. Les phases de repos et d'activité alternent à un rythme rapide de deux à cinq heures.

Ronger est après creuser l'activité la plus importante. A l'aide de leurs dents, qui ne cessent de pousser, elles mettent en morceaux les aliments et les matériaux pour leur nid. Elles doivent toujours avoir à leur disposition quelque chose à ronger.

La **construction du nid** se fait en général en équipe. Même si vous offrez aux gerbilles une maisonnette prête à l'emploi, encore faut-il que les aménagements soient conformes à leurs goûts... Une fois le logis nettoyé à fond, vous serez le témoin d'une activité laborieuse dans l'aquarium. Rouleaux de carton et branches seront réduits en petits morceaux qu'elles entasseront. Puis elles donneront au nid sa forme creuse et le rembourreront pour le rendre bien douillet.

Rien n'arrête les dents des rongeurs, pas même les quatre murs de la maisonnette !

Les gerbilles sont très propres. Elles font leur **toilette** plusieurs fois par jour, après avoir mangé. Elles frottent leur nez sur la litière pour se débarrasser des souillures les plus grossières. Puis elles finissent le travail en s'aidant de leur petites pattes, ce qui est très joli à voir. Queue, ventre et dos font aussi l'objet de soins attentifs, et là où les pattes avant n'arrivent pas, ce sont les dents et les pattes arrière qui s'en chargent.

Tambouriner avec les postérieurs fait partie du rituel de l'accouplement. Mais cela signifie aussi « alerte rouge » pour les autres

« Attention danger ! » tel est le message lancé par la gerbille qui tambourine contre le sol.

Froussards, s'abstenir ! Les combats sont très durs chez les gerbilles.

membres du groupe. Avec ce signal, les animaux avertissent leurs congénères d'un danger imminent et leur donnent l'ordre de se précipiter à l'abri pour y attendre que tout redevienne normal. Pour éviter tout malentendu, il ne faut donc pas s'amuser soi-même à tambouriner contre la vitre...

Conseil ! Au cas où vous auriez à séparer des gerbilles en train de se battre, mettez des gants ou utilisez un torchon. En effet, dans le feu de l'action, une des gerbilles pourrait confondre votre doigt avec le corps de son adversaire...

Les performances des sens

Dans leur milieu naturel, les petites gerbilles sont exposées à de nombreux dangers venant de prédateurs et c'est grâce à leurs sens qu'elles ont pu s'adapter pour survivre. Et, que ce soit pour leur vie en groupe ou pour leur quête de nourriture, il est tout aussi important pour elles d'avoir des sens bien aiguisés. Comme chez tous ces petits animaux victimes de prédateurs, les yeux, placés sur le côté, offrent une vision

avec un angle de vue d'environ 360°. La gerbille peut ainsi voir ce qui se passe derrière elle et réagir très vite à l'approche d'un ennemi. Elle perçoit les mouvements rapides et lointains plus vite que ceux qui sont proches, ce qui lui laisse suffisamment de temps pour prendre la fuite. C'est pourquoi les rongeurs sont extrêmement sensibles à tout ce qui se déplace vite. En particulier tout ce qui évolue au-dessus d'eux est perçu comme un danger, car il pourrait alors s'agir d'un oiseau de proie en quête de nourriture.

L'**odorat** est le sens le plus développé chez la gerbille, et joue également un rôle important dans son comportement social. C'est ainsi que les membres d'une même famille se reconnaissent à l'odeur. Celui qui sent autrement est un intrus et il est donc repoussé impitoyablement. Le territoire est marqué avec de l'urine et les sécrétions de la glande odoriférante située sur le ventre. Un bon odorat aide également à trouver

Ce petit nez impertinent vérifie qu'il n'y a aucun danger.

la nourriture et les friandises. Car le goût est aussi influencé par l'odorat. Comme les gerbilles sont très sensibles aux odeurs inhabituelles, vous devez, avant de les toucher, vous laver les mains soit avec un savon doux, soit simplement avec de l'eau.

L'**ouïe** très fine des gerbilles est même réceptive aux ultrasons. Jamais elle ne les trahit, même lorsque les vibrations sonores sont de fréquence inférieure. Elles peuvent ainsi entendre des congénères très éloignés tambouriner de leurs postérieures. Un environnement bruyant génère le stress chez ces petits rongeurs.

Dans l'obscurité des galeries souterraines, le **toucher** rend d'inestimables services. Les gerbilles s'orientent essentiellement à l'aide de leurs longues vibrisses. Les racines des poils sont dotées de nerfs, nombreux et particulièrement sensibles.

Quand arrive la **progéniture**

Beaucoup de gens qui possèdent des gerbilles sont devenus des ***éleveurs sans l'avoir voulu****, parce qu'ils ont acheté une femelle pleine ou que celles qu'ils croyaient du même sexe formaient en fait un couple. Les tout-petits sont, certes, adorables et les observer est un vrai plaisir, mais...*

Bien vite, bébé gerbille deviendra grand et sera un digne représentant de son espèce.

Le contrôle des naissances s'impose pour limiter le nombre de gerbilles.

La surpopulation peut être la cause de combats violents : mettez un gant pour séparer les adversaires.

Voir les petits grandir et se développer est un **événement** marquant, tout particulièrement pour les enfants. Il faut cependant être conscient du fait que cela ne dure pas et que les jeunes se transforment vite en adultes. La mère peut, le jour même où elle mis bas, redevenir réceptive. S'il est vrai par ailleurs qu'en général le groupe s'autorégule quasi automatiquement en fonction de la place disponible, ne vous y fiez pas trop. La domestication a pour conséquence la perte de nombreux instincts naturels, et il se peut que la mère soit pleine en permanence et que l'aquarium se mette alors à déborder de gerbilles.

Si vous ne voulez pas que votre appartement croule sous les aquariums, il vous faudra envisager à temps une **planification des naissances**. Ce qui veut dire séparer assez vite les mâles et les femelles.

Si en revanche vous désirez **faire un élevage par couleurs**, vous devrez vous intéresser aux principes de base de la génétique. Les ouvrages scolaires de biologie, qui traitent ce sujet complexe de manière simple et compréhensible, font très bien l'affaire. Quoi qu'il en soit, ayez toujours en tête que vous êtes responsable des petits et que chaque animal doit avoir sa place.

Les gerbilles sont **monogames**. Au sein du groupe, c'est en général seulement la femelle hiérarchiquement la plus haut placée qui s'occupe des jeunes. Mais s'il arrive en plus qu'une fille soit alors en chaleur, cela peut provoquer de belles bagarres entre femelles. Si la « chef » meurt, c'est la première fille qui prend la suite. C'est ainsi que le groupe se perpétue.

L'accouplement

Vous remarquerez que les gerbilles sont sur le point de s'accoupler au fait que le mâle vient sentir l'arrière-train de la femelle, pour savoir si le moment est propice. Il tambourine de ses pattes postérieures et la pourchasse à travers tout l'aquarium. La femelle reste le plus souvent sur ses pattes et le mâle entre en action. Tout va extrêmement vite et, à la fin, les deux partenaires se nettoient les parties génitales en se léchant.

Après 24 à 26 jours naissent **quatre à six petits**, voire quatorze dans des cas exceptionnels. La mise bas ne dure que 20 minutes environ, et vous n'apprendrez vraisemblablement l'heureux événement qu'aux pépiements provenant du nid. A partir de ce moment-là, l'un des deux parents sera toujours aux côtés des nouveaunés. Et même si la curiosité vous tenaille, ne jetez qu'un œil rapide sur la famille réunie, pour vérifier que tout va bien, sans toucher le nid !

Vous devrez attendre encore au moins dix jours après la naissance avant de pouvoir toucher les jeunes. La mère réagit très vite **quand on la dérange** et peut même, dans des cas extrêmes, dévorer ses petits. Cela peut aussi avoir un rapport avec une carence en protéines, car la mère en a un besoin plus grand encore quand elle est en gestation et durant la période où elle élève ses petits. C'est pourquoi il est indispensable de lui

Le mâle renifle la femelle pour savoir si elle est prête pour l'accouplement.

Les deux parents s'occupent des petits.

Très délicatement, la mère ramène ses petits dans leur nid.

donner chaque jour, en plus de l'ordinaire, un ver de farine ou de la nourriture pour oiseaux contenant des insectes.

Important ! Leur aquarium doit être nettoyé à fond avant l'arrivée des petits, pour que la famille ne soit pas dérangée au cours des six semaines suivantes.

Les petits grandissent

Minuscules dans leur nid, les bébés gerbilles sont entièrement dépendants de leur mère. Après la **naissance**, elle les lèche pour les nettoyer et stimuler leur système respiratoire.

Aveugles, sourds et tout nus, ils ne peuvent pas non plus se passer de leur mère pour faire leurs besoins. Pour cela, elle leur lèche le ventre, ce qui active la digestion. Elle mange ensuite leurs excréments. Les petiots trouvent instinctivement les tétines de la mère pour y boire le lait nourrissant. Si l'un d'entre eux s'éloigne trop du nid, il y est ramené par la mère, qui le porte délicatement entre ses dents.

Au bout de 4 à 5 jours, les premiers poils apparaissent et, après **18 jours**, les yeux s'ouvrent. **A partir de la troisième semaine**, les petits partent à la découverte de leur proche environnement. Ils ne se contentent plus seulement du lait maternel, ils essaient désormais par eux-mêmes d'élargir leur menu. C'est le moment de leur donner des fruits et des légumes, très bons pour leur croissance ! C'est logique, quand on pense que la mère est de nouveau réceptive très peu de temps après avoir mis bas et que la gestation dure trois bonnes semaines. Si elle allaite encore une portée, cette durée de gestation s'allonge. Les jeunes doivent apprendre à subvenir à leurs besoins.

Au début de la **quatrième semaine**, il est possible de déterminer le sexe des jeunes gerbilles. Les petits ne doivent pas être séparés de leur mère **avant la sixième semaine**. Car, pendant la période de transition vers une nourriture solide, leur système immunitaire n'est pas

Les bébés gerbilles sont vraiment minuscules à la naissance.

Parmi les différentes couleurs de pelage, il y a aussi les tachetés.

Les albinos ont un pelage blanc et des yeux rouges.

encore assez fort, et ils peuvent facilement tomber malades.

A six semaines, il faut séparer mâles et femelles, seule manière d'empêcher la reproduction. Si les gerbilles atteignent leur maturité sexuelle à partir de leur huitième semaine en règle générale, il existe cependant toujours des exceptions et des animaux sexuellement précoces qui viennent chambouler tous vos plans.

Quand les gerbilles vieillissent

Ces rongeurs ont une espérance de vie d'environ trois ans. " Beaucoup trop peu ", direz-vous peut-être, en posant un regard affectueux sur eux. Mais la notion de temps est relative, et ce qui vous paraît court est tout à fait normal à l'échelle d'une gerbille. Ce n'est pas pour autant qu'elle ne vit pas intensément ces quelques années. Et grâce à votre aide, elle aura, espérons-le, tiré le meilleur parti de sa vie.

A vous maintenant de lui préparer une fin tranquille, ne mettez plus aussi haut la friandise qu'elle attend, et pensez qu'une gerbille âgée n'est plus aussi agile qu'avant. A mouvements réduits, portion alimentaire réduite pour éviter que l'animal ne s'engraisse, ce qui lui compliquerait encore la vie. Il n'aura droit que rarement aux graines riches en matières grasses.

La gerbille est malade

Les gerbilles sont des animaux très robustes qui se contentent de peu. Si vous veillez à ce qu'elles aient bien tout ce dont elles ont besoin, vous profiterez longtemps de ces rongeurs débordants de vie.

Le **programme en six points** (cf. page 46), *emplacement – compagnie – alimentation – distractions – hygiène – observation,*
vous aidera à maintenir en forme vos gerbilles.

Conseil ! Une gerbille avec un excédent de poids pèse nettement plus de 100 g et se reconnaît facilement au bourrelet de graisse à son cou. Il faut alors la mettre au régime, avec des aliments à faible teneur en matières grasses.

Un pelage ébouriffé est un signe de maladie.

Les maladies les plus fréquentes

Observez bien vos gerbilles, ainsi vous détecterez à temps si quelque chose vous paraît anormal.

Elles sont résistantes et tombent rarement malades si on s'en occupe correctement. Les maladies citées ci-dessous sont les plus fréquentes, mais finalement relativement rares si l'on considère l'ensemble de la population.

Si vous pensez qu'une de vos gerbilles présente les signes de l'une de ces maladies, consultez au plus vite le vétérinaire. Un animal si

Les premiers symptômes de maladie chez la gerbille peuvent être les suivants :

Région anale : diarrhée, souillures d'excréments, d'aspect inhabituel (couleur, consistance).

Voies respiratoires : respiration difficile, toux, éternuements, nez qui coule, présence de croûtes.

Yeux : fermés, collés, rougis ou qui coulent.

Mobilité : la gerbille chancelle, boite, est particulièrement lente, a le dos courbé.

Pelage : sale, plein de croûtes, ébouriffé, dégarni par endroits, plaies ouvertes.

Corps : les flancs s'affaissent à cause de la perte de poids (le poids idéal se situe entre 70 et 110 g), boursouflures, nodules.

Comportement : apathique, craintive, réagit lentement, voire pas du tout, se gratte constamment, n'a pas d'appétit.

Il vaut mieux toujours mettre l'eau à boire dans une bouteille avec pipette.

Les gerbilles saines sont presque toujours actives.

petit, au métabolisme si actif, peut s'affaiblir très vite du fait de la maladie. Il ne s'agit pas alors de perdre du temps et de jouer les docteurs auprès du patient.

Un nez rouge peut être le signe d'une **allergie** à la litière. Nettoyez l'aquarium et mettez du papier blanc ou de la litière de bois de hêtre. Si l'état de l'animal ne s'améliore pas dans les 24 heures, allez chez le vétérinaire.

La **diarrhée** peut être provoquée par une infection, des parasites intestinaux, des aliments avariés, un excès de produits frais et un refroidissement. Si vous n'excluez pas qu'il puisse s'agir d'une maladie contagieuse et si vous possédez plusieurs aquariums dans une même pièce, placez ces derniers dans des endroits différents. Vous pouvez laisser ensemble les gerbilles d'un même aquarium. En cas de maladie contagieuse avérée, il faut de toute façon traiter tous les animaux. Eloigner les malades serait en effet une épreuve supplémentaire qui ne ferait qu'aggraver leur état. La solution consiste à chauffer par infrarouge une moitié de l'aquarium. Ne donnez plus de nourriture fraîche tant qu'elles ne sont pas guéries.

Il semblerait que l'**épilepsie** soit aussi une affection assez courante chez les gerbilles stressées. Si vous observez de violentes convulsions, une inertie anormale ou de brusques mouvements non coordonnés, consultez le vétérinaire. Si le diagnostic est confirmé, il faudra faire en sorte que l'animal soit le moins possible soumis au stress et lui offrir beaucoup de possibilités de se distraire dans son logis.

Assurez-vous chaque jour que vos gerbilles se portent bien.

Les courants d'air, des températures peu élevées ou une litière humide peuvent facilement provoquer des **refroidissements**, qui peuvent dégénérer en pneumonie et causer la mort de l'animal. Si vous constatez que son nez coule, qu'il tousse ou éternue, allez chez le vétérinaire et tenez-le au sec et au chaud.

Souvent les gerbilles âgées ont des **tumeurs**, qui se situent fréquemment au niveau de la glande sécrétrice du ventre. Si le vétérinaire ne peut opérer, et si l'animal souffre visiblement, faites-le euthanasier.

Les gerbilles sont en général épargnées par les **maladies infectieuses**. Mais dans des conditions de stress, une bactérie particulière issue de la flore intestinale du petit rongeur peut provoquer la maladie de Tyzzer (salmonellose). Les premiers signes sont la diarrhée, l'apathie et le refus de s'alimenter. Cette maladie très dangereuse peut tuer les animaux en 48 heures si elle n'est pas diagnostiquée suffisamment tôt. Détachez immédiatement du lot la gerbille qui en est atteinte et veillez surtout à une bonne hygiène.

L'animal qui se gratte en permanence, qui souffre de démangeaisons et dont le pelage est tout ébouriffé est vraisemblablement infesté de **parasites** tels que les acariens et les mallophages. Ils sont parfois transmis par de nouveaux arrivants par exemple ou par une litière souillée. Si au bout d'un jour vous ne constatez aucune amélioration, consultez le vétérinaire qui vous prescrira un traitement adapté.
Vous saurez que votre animal a des **vers** au fait qu'il a la diarrhée et/ou qu'il maigrit. Là encore, une visite chez

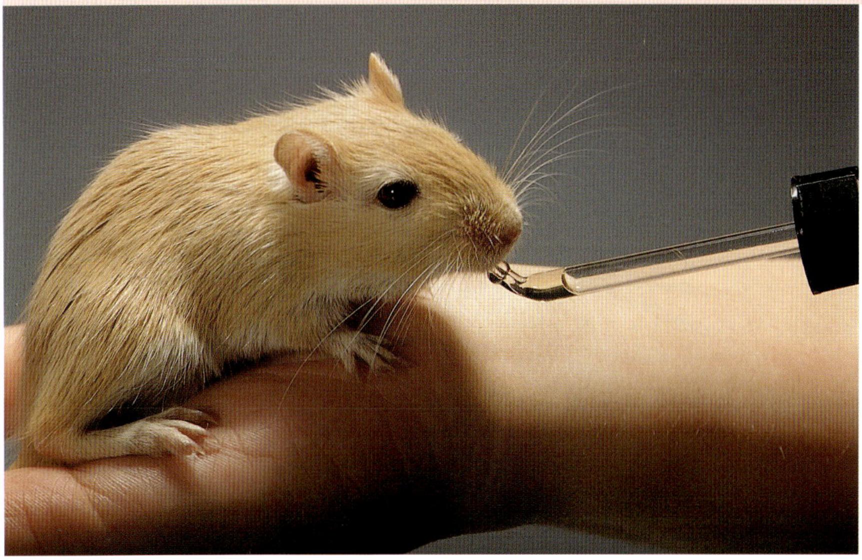

Les médicaments se donnent aussi avec une pipette.

le « véto » s'impose.

Les blessures sont le plus souvent provoquées par des morsures. Ajoutez-y les fractures dues à des chutes, l'écrasement des membres dans la roue ou le détachement de la peau de la queue parce qu'on s'y est mal pris pour soulever l'animal. Les facultés de récupération en cas de **blessure** sont étonnantes chez ces rongeurs, et il rare, dans ces situations, de devoir faire appel au vétérinaire. Mais si vous ne vous sentez pas de soigner une blessure, adressez-vous à lui sans hésiter.

La visite chez le vétérinaire

Vous emmènerez le patient chez le vétérinaire dans une boîte de transport en plastique, c'est le plus sûr. Faites attention que la gerbille, durant le trajet, ne soit pas exposée aux courants d'air, aux rayons du soleil ou au froid. Préparez-vous bien à cette visite chez le vétérinaire et essayez de lui décrire aussi précisément que possible les symptômes de la maladie. Appelez pour obtenir un rendez-vous, pour que vous, et votre animal déjà bien mal en point, n'ayez pas à attendre trop longtemps. Profitez-en pour lui demander si vous devez éventuellement apporter un échantillon d'excrément de la gerbille ou s'il y a d'autres choses à ne pas oublier. Il vous prescrira un traitement et il vous faudra bien respecter les doses et les indications qu'il vous donnera, pour que votre animal guérisse aussi vite que possible et redevienne aussi alerte qu'avant.

Notes personnelles

Crédits photographiques

Toutes les photos sont de Regina Kuhn, Stuttgart.
Tous les dessins sont de Siegfried Lokau, Wattenscheid d'après les indications de l'auteur

L'édition originale de cet ouvrage a été publiée en allemand sous le titre :
Rennmäuse, de Heike Schmidt-Röger

ISBN 2-84138-202-8

5, rue de Charonne, 75011 Paris
Tél. : 01 48 05 03 03
fax : 01 48 05 02 04
e-mail : ulmer@editions-ulmer.fr
Internet : www.editions-ulmer.fr
Traduction de l'allemand : Philippe Guibal
Dépôt légal : 1e trimestre 2003
N° d'édition : 202-01
Printed in Italy

Programme en six points pour maintenir une gerbille en bonne santé

1 Emplacement

Les courants d'air, une humidité de l'air trop élevée, la chaleur, le froid intense et la fumée sont à la longue insupportables pour les gerbilles. Choisir un emplacement convenable, c'est déjà contribuer pour beaucoup à leur bien-être. Veillez à ce que leur phase de repos soit respectée et qu'ils ne soient pas sans cesse dérangés.

2 Compagnie

Une gerbille solitaire dans un aquarium est une gerbille stressée. Des troubles du comportement (comportements répétitifs sans objet, apathie) peuvent apparaître. Un animal soumis au stress permanent a des défenses immunitaires affaiblies et du coup tombe plus facilement malade.

3 Alimentation

La bonne santé de la gerbille repose sur une alimentation variée. C'est elle qui garantit l'apport équilibré en vitamines, oligo-éléments, minéraux et autres composants essentiels et qui permet à l'animal de rester en forme.

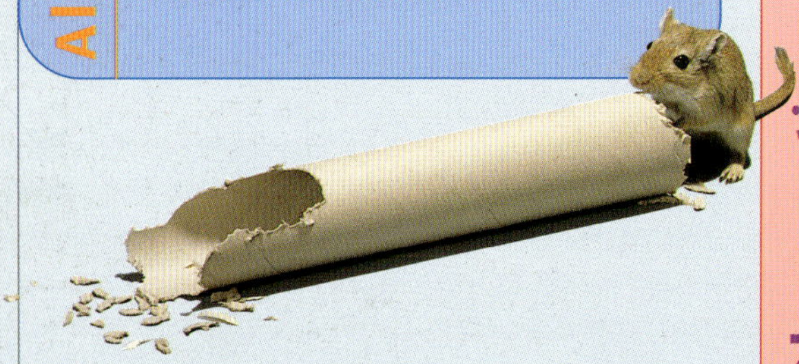

4 Distraction

Creuser, fouir le sol, ronger et grimper sont des activités que les gerbilles doivent pouvoir pratiquer autant qu'elles le veulent. Une installation diversifiée et attrayante de l'aquarium est un remède contre l'ennui et permet aux animaux de se faire les muscles et de faire fonctionner leurs méninges. Une gerbille condamnée à ne rien faire souffre de stress et est sujette aux maladies.

5 Hygiène

Le nettoyage régulier de l'aquarium et des accessoires intérieurs empêchent la prolifération des agents pathogènes. La nourriture qui n'a pas été consommée doit être enlevée pour éviter qu'elle moisisse ou fermente. Les bouteilles d'eau ne doivent pas fuir, sous peine d'augmenter le taux d'humidité de l'air, ce qui endommagerait les voies respiratoires de ces anciennes habitantes des steppes arides.

6 Observation

Au contact quotidien avec les gerbilles, vous saurez détecter les moindres changements d'aspect ou de comportement. Prenez le temps d'affiner votre examen. Sont-elles aussi éveillées que d'habitude ? Leur pelage est-il ébouriffé ? Y a-t-il une plaie ? Un dépistage précoce des maladies et le traitement rapide des blessures peuvent empêcher le pire.

Dans la même collection...

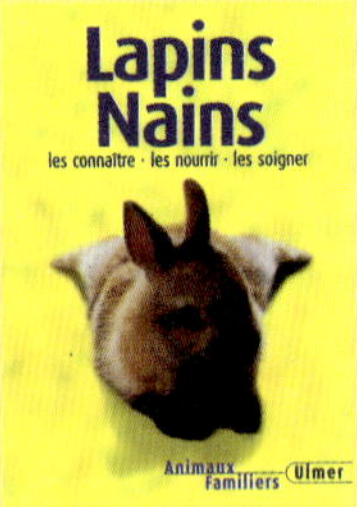

ISBN 2-84138-171-4

ISBN 2-84138-170-6

ISBN 2-84138-165-X

ISBN 2-84138-198-6

ISBN 2-84138-186-2

ISBN 2-84138-166-8

ISBN 2-84138-201-X

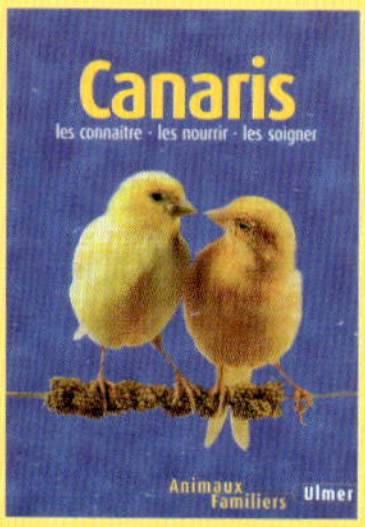

ISBN 2-84138-168-4

ISBN 2-84138-169-2

ISBN 2-84138-167-6

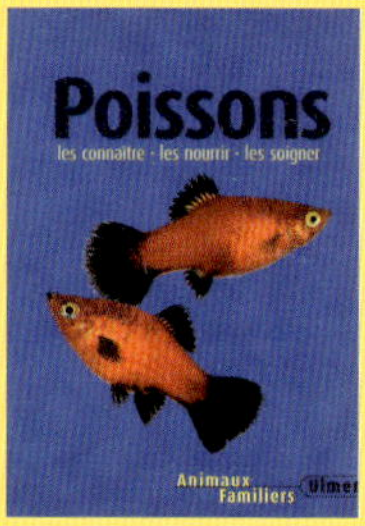

ISBN 2-84138-164-1

ISBN 2-84138-199-4